フクモモびより

Days with Suger Gliders

フクロモモンガ一家のとびっきり日記

米田将文

Masafumi Yoneda

Sphere Books

はじめまして、フクロモモンガです。

ふくろ大好き。

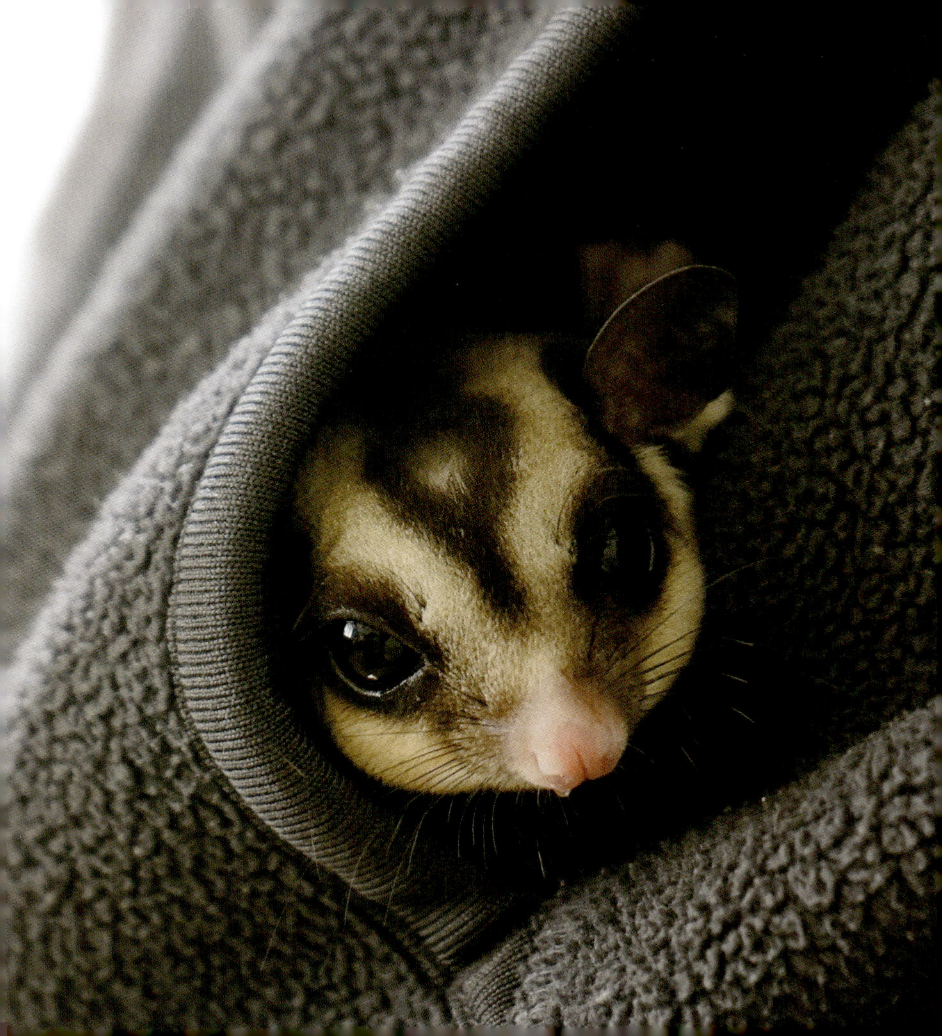

飛ぶのはもっと好き。

シュタッ

手のひらサイズ。

ネズミに似てるけど
カンガルーやコアラの仲間だよ。

生まれて２か月後、
お母さんのふくろの中から
赤ちゃんが出てきた。

双子だよ!

出てきて１週め、
まだ目は開いていない。

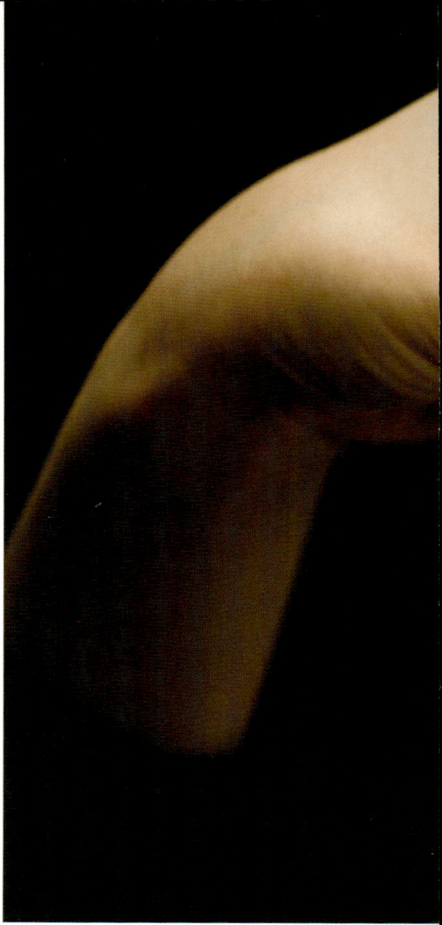

たくさんの時間を寝てすごすよ。

おっぱいはお母さんのふくろの中。

スヤスヤ

ぎゅーっ

出てきて２週め、
目が開けられるようになったよ。

だいぶ毛も生えてきた。

まだまだ寝ている時間が長い。

双子はいつも一緒、
くっついていれば、あんしーん。

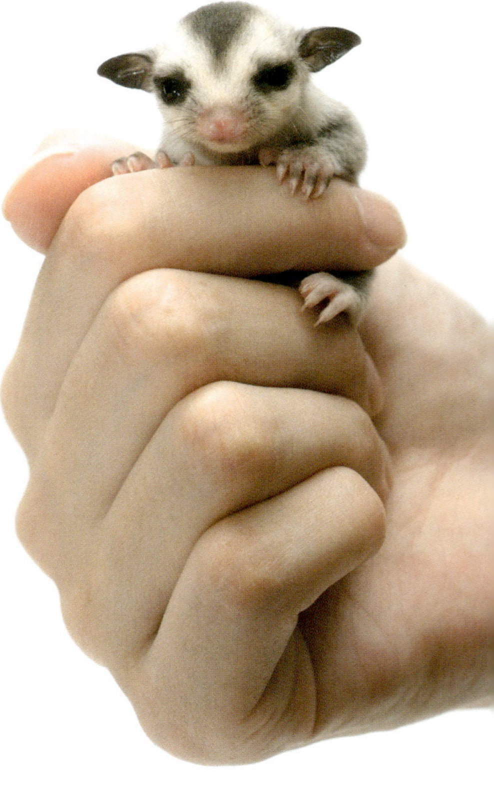

遊んでたら眠くなっちゃった。

3 週め、
たくさん遊べるようになってきた。

起きたよ！
ポーチの中で１日がはじまる。

ごはんの匂い?

おいしいものを食べると
つい声が出ちゃう。

kupukupu

kupukupu

小松菜…ほしい

長ーいしっぽで

こんなこともできるよ。

GREAT BARRIER REEF
NATIONAL GEOGRAPHIC
inSIGHT
Guide to MARINE MAMMALS of the World
Knopf
The Audubon Society Field Guide to North American Fossils
Knopf
WHALES & OTHER MARINE MAMMALS of CALIFORNIA and BAJA
Eder & Sheldon
LONE PINE
WHALES, DOLPHINS AND SEALS
A Field Guide to the Marine Mammals of the World
Hadoram Shirihai
Brett Jarrett
A&CB
ANDREAS GURSKY
IGHT IN THE SEA

本棚でかくれんぼ、
はしゃぎすぎて怒られた。

\ムギュ/

探検が大好き、
いろんなところに入っちゃうよ。

…。

お母さーん!

うむ〜っ

キョロ キョロ

おやつは
かくれてないかな?

捕まった !!!

慣れない臭いはびっくりしちゃう、
両手を広げて威嚇だ。

後ろ足でつかまることができるから
こんな格好で背伸びもできるよ。

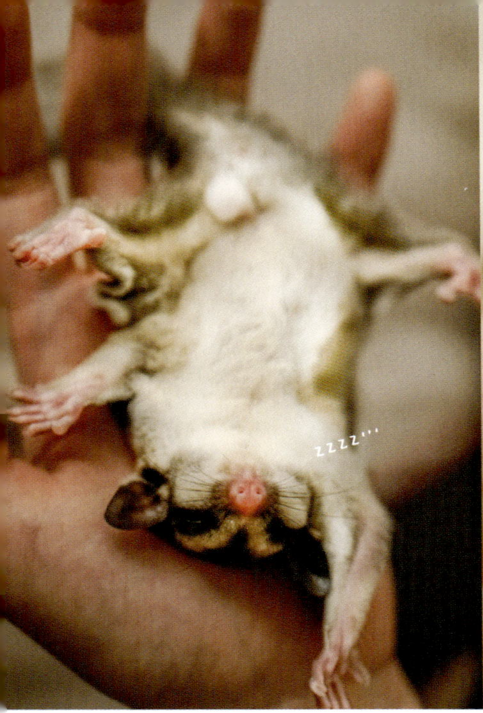

遊びつかれて手の上で夢ごこち、
ナデナデされると伸びちゃうよ。

Pachi!

お父さんとお母さん、
お父さんはお母さんが大好き。

子供のときはお母さんの背中に
乗って移動するよ。

ずいぶん大きくなったけど
まだまだお母さんに甘えたい。

お父さんも子どものおせわで
毛づくろい。

お母さんの背中に乗って
ジャンプの特訓。

家族勢ぞろい、
みんな大きくなりました。

みんな帰るよ〜！

フクロモモンガ【有袋上目双前歯目フクロモモンガ科】

Petaurus breviceps, Sugar Glider

体長：30～40cm（尾を含む）
体重：90～160g
分布：オーストラリア北部および東部、ニューギニア島、ビスマルク諸島

捕食者を察知する
大きな耳
胴体と同じくらい
長いしっぽ
暗闇でもよく見える
大きな目

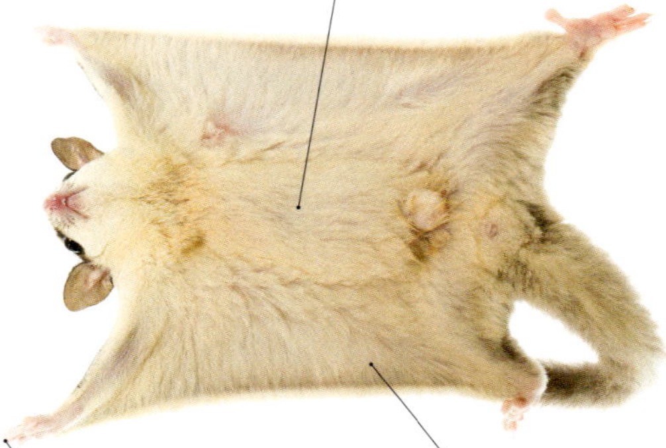
メスはお腹にふくろがある
木の枝やエサを
がっちりつかめる爪
50m 以上飛ぶことも
できる飛膜

あとがき

フクロモモンガという動物は、小さな体に大きな目を持った愛くるしい顔と、大きな飛膜を広げて滑空したり、気分に合わせて鳴き声を発したりするその姿で、たちまち人を虜にする魅力を持っている。

私とフクロモモンガの出会いは、数年前、あるペットショップで妻が触らせてもらったオスのフクロモモンガに一目ぼれしたことがきっかけだった。我が家に迎えいれ、寝る間も惜しんで世話をしたフクロモモンガは、その後メスも迎えて繁殖に成功し、誕生から成長の過程も観察する機会に恵まれた。

母親のふくろの中で徐々に成長した子どもが脱嚢（ふくろから出てくること）する姿はじつに感動的で、もともと野生動物の撮影をしていた私は、もっとも身近な動物となった彼らの撮影に本腰を入れて取りくみはじめた。

母親にひたすら甘える姿や、小さな手で器用にエサをつかんで頬張り、満腹になると手の上でひどい寝相で寝てしまう姿など、成長するにつれてさまざまな表情を見せてくれるフクロモモンガ。彼らの鳴き声を聞きながら、まるで彼らと会話をしているような気分で、ファインダーの中にその姿をとらえるのは実に楽しい時間であった。

*

フクロモモンガの飼育にご興味を持たれた方は、ぜひ事前に飼育方法についても調べてほしい。彼らは、もともと野生で生活している動物であるため、警戒心が強いうえに、飼育環境などにも多くの注意が必要となる。

ただ、彼らが飼い主の思いに応えて、信頼関係ができたときの生活は、何ものにもかえがたい素晴らしいものであることもお伝えしておきたい。

最後に、本書のきっかけをつくり、撮影に際しても多くのアイデアを出してくれた妻に深い感謝をこの場を借りて伝えたい。

2016年11月　米田将文

米田将文 よねだまさふみ
1983 年、熊本生まれ。
幼少時代のアメリカ在住時にカメラを手に取り、身の回りの景色の撮影をはじめる。
早稲田大学大学院理工学部で機械工学を学んだあと、現在はエンジニアとして仕事をしながら、
世界各地で水中を含む自然や動物を対象に撮影を続けている。
作品は多くの書籍や雑誌などに使用されている。
http://www.masafumiyoneda.com

フクモモびより

Days with Suger Gliders

フクロモモンガ一家のとびっきり日記

2016 年 12 月 15 日　第 1 刷発行

著者 ———— 米田将文
デザイン —— 椎名麻美
発行人 ——— 水口博也
発行所 ——— シータス
〒 225-0011 横浜市青葉区あざみ野 4-4-13-105
電話（045）904-5884
http://www.spherebooks.com

発売 ——— 丸善出版株式会社
〒 101-0051　東京都千代田区神田神保町 2-17
電話（03）3512-3256
http://pub.maruzen.co.jp/

印刷・製本 —モリモト印刷株式会社

ISBN978-4-9902925-7-7
Printed in Japan

Days with Sugar Gliders